地球篇
哇，科学有故事！

大地的故事

[韩] 崔元石 / 文　[韩] 郑仁成、千福珠 / 绘　千太阳 / 译

人民东方出版传媒
People's Oriental Publishing & Media
东方出版社
The Oriental Press

目录

埃拉托色尼爷爷，听说您通过计算步数测量出了地球的大小？

在我所生活的古代，人们没有办法知道巨大的地球是什么形状，因此他们只能根据自己看到的进行判断，认为地球是平的。然而，我认识到地球是个圆球，于是便通过计算步数测量出地球的周长。

1

在很久很久以前，人们认为地球是平的。
毕竟，人们无法看到地球的全貌，所以有这样的想法也无可厚非。

公元前 500 年左右，古希腊数学家毕达哥拉斯认为地球是个圆球。
但是他的观点并没有什么科学依据。
"像球一样的圆形才是宇宙中最完美的形状，故而地球是个圆球。"
毕达哥拉斯只是出于哲学方面的考虑，认为地球是个圆球。

但是生活在毕达哥拉斯100年后的古希腊哲学家亚里士多德，却从科学的角度解释了地圆说。

当地球的影子照在月亮上形成月食时，亚里士多德指了指月亮。

请看那里。月亮上出现的圆形就是地球的影子。

亚里士多德又指了指海上的帆船。

当船从地平线上出现时，我最先看到的是船帆。这便是地球是个圆球的证据。

虽然人们认可亚里士多德的说法，但毕竟没有人看到过地球的全貌，所以谁都不敢肯定地球就是个圆球。

到了公元前 200 年左右，希腊的著名学者埃拉托色尼也认为地球是个圆球。当时，埃拉托色尼正受到埃及国王的邀请，在亚历山大图书馆工作。

"你听过那个传言了吗？据说，在塞尼城到了夏至正午时，所有的影子都会消失。"

"可在我们亚历山大，夏至时影子只会变短。莫非塞尼城的太阳和我们这里的太阳有什么不同？"

在人们看来，同一天同一时间里两个地方的影子
出现差异是一件很古怪的事情。

埃拉托色尼小声嘀咕道："如果地球是平的，那不管在哪里，阳光照射的角度都
应该是相同的。不过，正因为地球是个圆球，所以两个地方阳光照射的角度才会有所
不同。"

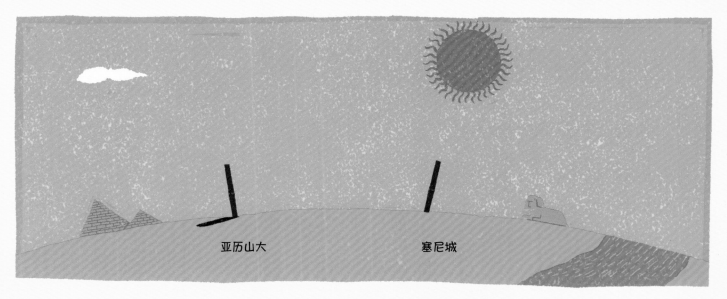

就在这时，埃拉托色尼的脑中突然浮现出一个想法："等等！既然这样，那我岂不
是能轻松计算出地球的周长来？"

到了夏至正午时，埃拉托色尼在亚历山大测了一下阳光和木棍相交后形成的角度。

阳光和木棍形成的角度是7.2度。

"阳光光线在哪里都是平行的。当两条平行的直线与其他直线相交时，中间形成的角是相同的……"

两个城市之间的中心角也是7.2度。

亚历山大

7.2度

塞尼城

"7.2 度乘以 50 就是一个圆。中心角的大小与圆周的长度成比例,所以测量两个城市之间的距离,乘以 50 就可以计算出地球的周长了。"

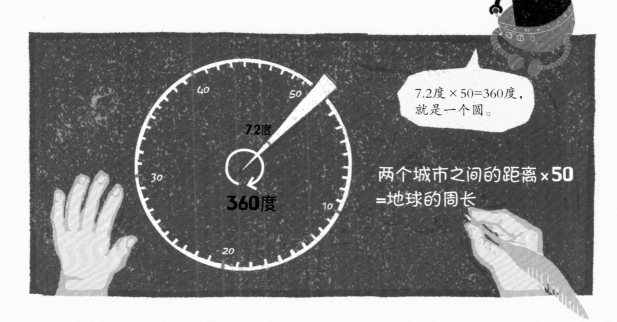

埃拉托色尼从亚历山大走到塞尼城,并记住自己的步数,从而测量出两个城市之间的距离。

"两个城市之间的距离是 5000 希腊里。它乘以 50 就是地球的周长，也就是 250000 希腊里。"

埃拉托色尼终于算出了地球的周长。

如果将古希腊使用的单位希腊里换算成今天的千米，那他计算出来的地球周长与如今科学家们利用人造卫星测量出来的地球周长几乎相同。也就是说，埃拉托色尼没有借助任何特殊工具，就非常准确地计算出了地球的周长。

250000希腊里换算成千米的话，就是 46250 千米。

250000希腊里

地球是个圆球，周长是 250000希腊里。

今天测量出的地球赤道周长是40075千米。

40075千米

1972 年，美国的宇宙飞船阿波罗17 号在远离地球 45000 千米远的宇宙中拍摄地球照片，并传回地球。

直到那时，人们才得以亲眼确认地球的全貌。

什么？你问照片中的地球长成什么样？

让我来告诉你吧。它长得就像一颗蔚蓝色的珠子一样，圆圆的。这与很久以前埃拉托色尼所预想的几乎一模一样。

地球果然是个圆球，像珠子一样！

地球

我们所生活的地球是一个绕着太阳旋转的圆圆的行星。与其他行星不同的是，地球上有空气和水，所以在宇宙中看着是蔚蓝色的。地球的赤道周长要比极地周长稍微大一点儿，所以地球其实是一个椭圆球体。

地球的重量是多少？

相当于81个月球合起来的重量。

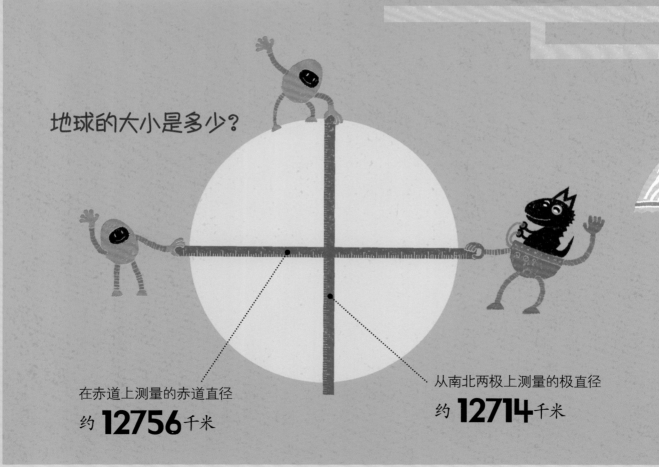

地球

1个

地球的大小是多少？

在赤道上测量的赤道直径
约 **12756** 千米

从南北两极上测量的极直径
约 **12714** 千米

约 **5972000000000000000000000** 千克

5972 后面足有 **24** 个 **0**。

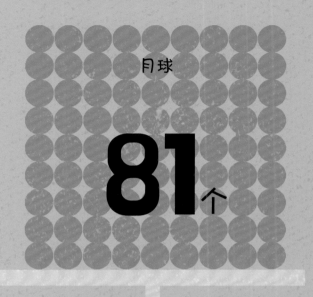

月球

81 个

地球的年龄是多少?

46亿年前,尘埃和气体聚在一起,成为一个巨大的团状物体。后来,它通过碰撞和吸引,变成了地球。

46 亿岁

陆地和海洋在地球上的比例是多少?

地球表面的71%由海洋占据。

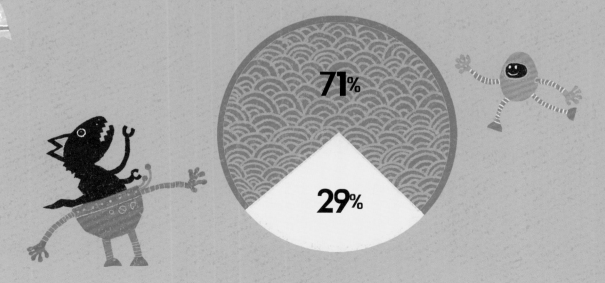

71%

29%

科学+历史

古人心中的天地

在古人的心中，大地和天空是什么样子的呢？

古埃及人认为天空女神——努特笼罩着广阔、平坦的大地，而她的下面是空气之神——舒。

古印度人认为一条庞大的蛇上面有一只巨大的乌龟，巨龟的上面有四头大象用身体支撑着半球形的大地，所以每次大象移动，就会发生地震。

苏美尔人认为平坦的大地上有一层薄薄的圆形天棚，太阳、月亮及星星会在大地和天棚之间移动。

古人没法看到地球的全貌，所以只能以自己观察到的样子和所信奉的神灵为基础，幻想出大地和天空的模样。

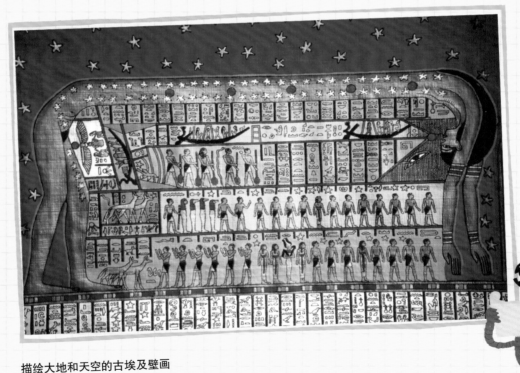

描绘大地和天空的古埃及壁画

虽然大多数人都认为从很久以前开始大陆就是现在的模样，但是我却认为大陆原本是一整块，只是后来慢慢分开、移动，最终才变成现在的样子。谁能想到那么大的大陆会移动？人们没发现也是情有可原的。

"哇呜，这可真有趣！"

1910 年，德国气象学家阿尔弗雷德·魏格纳一边看着世界地图，一边发出了惊叹："非洲大陆和南美洲大陆的海岸线居然能够像拼图一样拼合起来？"

随着制作出来的世界地图越来越精确，不少人望着可以完美拼合起来的大陆形状，猜测现在的这些大陆会不会是从一整块大陆上分离出来的。

不过，由于没有确凿的证据，所以人们并没有对此展开研究。

魏格纳也认为那只是巧合，所以很快就将它忘记了。

第二年，魏格纳在图书馆里看到了一篇论文。

论文中提到，在非洲发现的化石和在遥远的南美洲发现的化石是同一种化石。在两块相隔如此遥远的大陆中，发现同一种动植物的化石，这让魏格纳感到非常惊奇。

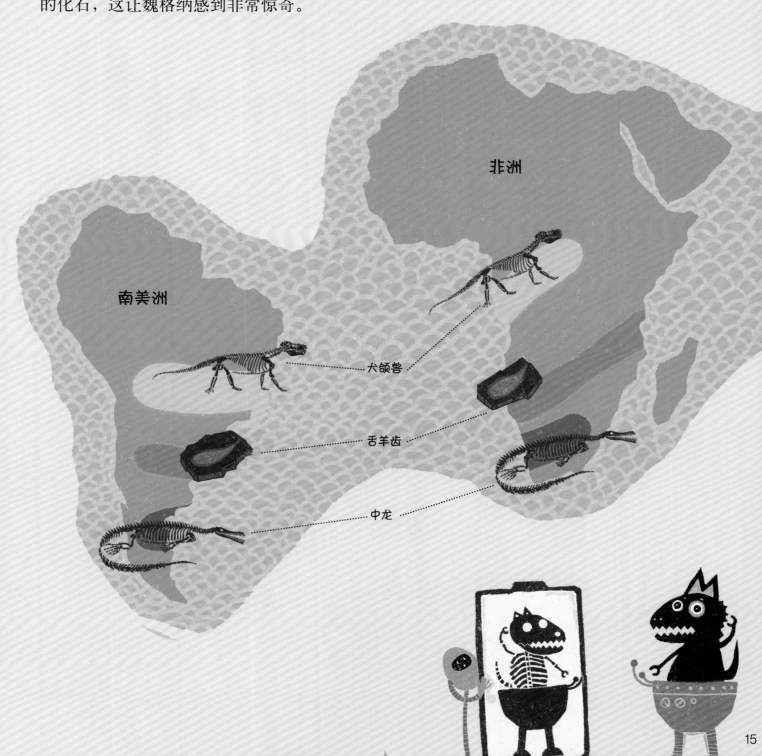

非洲

南美洲

犬颌兽

舌羊齿

中龙

当时的学者们认为，两块相隔遥远的大陆上出现相同的化石，是因为大陆之间曾经存在一座细长的"陆桥"，所以动物们能够通过这座"陆桥"来往。

而魏格纳却认为，比起大陆之间有陆桥连接的说法，一整块大陆分裂漂移的说法可能性更大。

陆桥说

大陆之间的距离非常遥远。动物们很难通过陆桥来到其他大陆上。

1912 年，在法兰克福召开的地质学会上，魏格纳提出了"大陆漂移说"。可他的观点遭到了其他科学家的嘲笑。

魏格纳的观点被无视的原因，除了太过匪夷所思之外，还有一点是他只是一名气象学家。

"一名气象学家怎么可能懂地质学！"

然而，周边的反对声越高，魏格纳想要证明自己观点的决心就越大。

大陆漂移说

有没有可能是，原本一整块的大陆通过移动慢慢分开的呢？

魏格纳开始寻找能够证明自己猜想的证据。

非洲

南美洲

证据 1

两块大陆的海岸线，能够天衣无缝地拼合到一起。

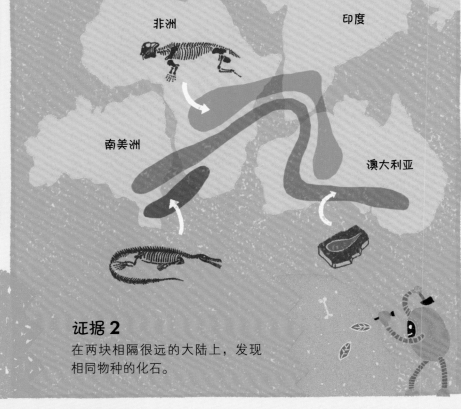

非洲

印度

南美洲

澳大利亚

证据 2

在两块相隔很远的大陆上，发现相同物种的化石。

证据 3

两块相隔很远的大陆，地层结构能完美地进行衔接。

随着搜集到的证据越来越多，魏格纳对大陆漂移说的信心也变得越来越坚定。

但是魏格纳的理论中有一个难以解释清楚的地方。

那就是他无法解释让大陆移动的力量源于哪里。

好吧，魏格纳先生。我们就当你的说法是正确的。

那么，你又该如何解释令大陆移动起来的力量来自哪里呢？

我必须寻找其他的证据。

为了寻找可以证明大陆漂移说的确切证据，魏格纳曾多次前往被冰雪覆盖的格陵兰岛进行探险。

然而在最后一次探险中，魏格纳再也没能回来。

第二年，人们在冰雪中发现了他的尸体。

魏格纳去世后，他的理论也慢慢地被人们遗忘。

20 世纪 50 年代末期，人们通过发达的海底勘探技术，勘测了北大西洋海底，绘制出详细的地图。美国地质学家哈雷·赫斯看到海底地图后非常震惊："海底在裂开。当地幔上升时，裂缝中就会喷出岩浆，从而不断形成新的地壳。"

赫斯认为，随着新的海洋地壳的形成，海底会慢慢变宽，从而推动大陆移动。

岩浆穿透地壳喷出，形成新的海洋地壳。

海洋地壳

地幔

岩浆

几乎被人们遗忘的魏格纳的大陆漂移说，重新浮出水面。

赫斯提出的地幔上升引起大陆移动的说法，不仅证明了魏格纳的理论是正确的，还解释了魏格纳曾经没能解开的令大陆移动的动力来源。

如果魏格纳能够活着听到这个消息，想来一定很高兴吧?

大陆地壳

海洋地壳

海底渐渐变宽，从而推动
大陆地壳移动。

大陆的移动

地球表面由 6 大板块和很多小板块组成。这些板块会因地球中的地幔对流现象发生移动。板块的移动导致了 2 亿年前原本是一整块的超大陆分割成现在的多块大陆。

大陆的移动过程

2亿年前

原本是一整块超大陆。

1亿3000万年前

超大陆正在分为多块大陆。

6500万年前

大陆继续移动,形成与如今的大陆分布差不多的结构。

现在

由于大陆的移动,最终形成如今的多块大陆形态。

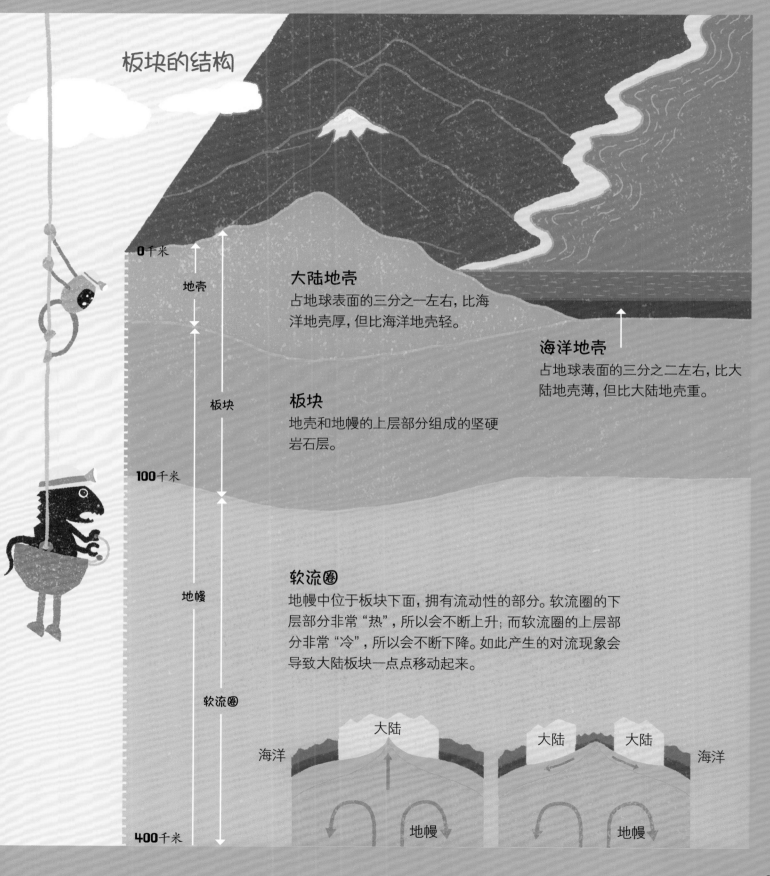

板块的结构

0千米

地壳

大陆地壳
占地球表面的三分之一左右，比海洋地壳厚，但比海洋地壳轻。

海洋地壳
占地球表面的三分之二左右，比大陆地壳薄，但比大陆地壳重。

板块

板块
地壳和地幔的上层部分组成的坚硬岩石层。

100千米

地幔

软流圈
地幔中位于板块下面，拥有流动性的部分。软流圈的下层部分非常"热"，所以会不断上升；而软流圈的上层部分非常"冷"，所以会不断下降。如此产生的对流现象会导致大陆板块一点点移动起来。

软流圈

海洋　大陆　　　　　大陆　大陆　海洋

地幔　　　　　　　地幔

400千米

消失的传说大陆——亚特兰蒂斯

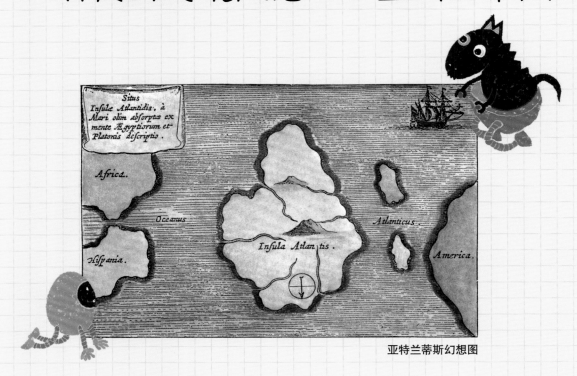

亚特兰蒂斯幻想图

古希腊哲学家柏拉图在其著作中，写过消失的大陆——亚特兰蒂斯。

根据书中内容介绍，亚特兰蒂斯是一个文明高度发达的理想国，只是在12000年前突然沉入海底消失不见。柏拉图并没有亲眼看到过亚特兰蒂斯，只是把从别人那里听来的故事记录下来了而已。

因此，在很长一段时间里，人们都认为亚特兰蒂斯只是存在于传说中的大陆。

但是自从1871年德国考古学家施里曼发现特洛伊遗址、1901年英国考古学家埃文斯在克里特岛上发现米诺斯文明之后，相信亚特兰蒂斯存在的人开始变得越来越多。部分学者认为亚特兰蒂斯其实是对青铜器时代繁盛的克里特文明的一种美化，因为克里特岛也曾因一场火山喷发而顷刻间受到极大的损失。总之到目前为止，人们并没有发现任何能够证明亚特兰蒂斯文明存在过的证据。

也不知以后人们能否揭开亚特兰蒂斯的神秘面纱。

里克特叔叔，**怎么才能知道地震的强度？**

人们曾一度认为地震和火山喷发与神灵有关。因此，人们正式研究地震和火山历史的时间并不是很长。为了以科学的方式研究地震，我制定出可以准确衡量地震强度的标准。

25

"轰隆隆，轰！"

"鲶鱼又开始翻身了！"

古时候，日本人认为地下生活着一条巨大的鲶鱼，而每当鲶鱼动弹一下身体，就会引发上面地震。他们相信只有鹿岛神用巨石压住鲶鱼的头，才能避免地震的发生。

希腊神话中有一位住在火山中的铁匠神——赫菲斯托斯。

每当火山喷发、喷出炽热的岩浆时，欧洲人都认为这是赫菲斯托斯在铁匠铺里打造众神的武器。

在很长一段时间里，地震和火山喷发与神有关的思想始终占据着主导地位。

直到 19 世纪后期，随着科学的发展，人们才开始以科学的方式，对地震进行测量和研究。

1880 年，英国地质学家约翰·米尔恩研发出地震仪。那是一种可以将地下传来的地震波记录下来的仪器。他研发出地震仪的目的，是测量地震的强度和方向。米尔恩提议在全世界安装地震仪。如此一来，人们就可以准确地知道哪里发生了地震。自从安装地震仪后，人们对地震的研究变得更加积极了。

1902 年，意大利火山学家朱塞佩·麦加利提出"震级"概念，并将地震的危险程度分成 10 个等级。有了麦加利提出的"震级"概念，即使没有地震仪，人们也能大致了解地震的强度。不过，震级会根据测量的场所和人们的感受出现不同的结果，因此很容易受到周围环境的影响。

窗户碎裂，房子里也是一片狼藉。这肯定是 4 级地震。

这里只是窗户稍微晃动了几下，所以应该是 3 级地震。

虽然是同一场地震，却测出两个不同的等级。看来震级还是不够准确。

在大学里研究地震的美国地震学家查尔斯·里克特认为震级的概念并不科学。他认为在研究地震之前，要有一个能够对地震强度进行测量和分类的标准。

1935 年，里克特以数学方式计算出地震发生时所释放出来的能量，并且制定出根据能量确定地震等级的"里氏震级"。

地震的能量每提高32倍，里氏震级便提高一个等级。

里氏震级

等级

能量

2
弱震
3
4
有感地震
5
中强震
6
强震
7
大地震
8
巨大地震

2.5 以下
人察觉不到的能量

6.1
掉在广岛的原子弹释放出的能量

8.3
史上最大火山喷发出的能量

自从开始用里氏震级标记地震后，地震学家们就能对世界上所有的地震进行比较和研究了。

后来，地震学家们耐心地研究地震发生的地区和地震波，终于找出频繁发生地震的地震带。

此外，他们还通过研究地震波，探索出地球的内部构造。

然而直到现在，人们依然很难预测出什么时候、哪里会发生地震。

从今往后，相信科学家们还会继续研究地震，从而帮助我们躲避地震和火山喷发带来的灾难。

火山喷发和地震

火山喷发和地震是由于地球内部的地幔对流，导致地球表面的板块移动而产生的。火山喷发是指地下的岩浆穿透地壳喷发出来的现象。地震是指不同的板块相互碰撞时产生的地震波向四周传递，从而引起地面晃动的现象。

火山

火山气体
火山喷发时释放出来的物质。其中包含最多的是水蒸气，此外，还有二氧化碳、硫化氢等物质。

火山碎屑物
火山喷发时抛出的固体物质。小到灰尘，大到岩石，形态不一。

熔岩
喷出地表流动的岩浆。

岩浆
岩浆比坚硬的地壳更轻，所以会向上移动。向上移动的岩浆会聚集到一起，并在压力上升到一定程度后喷射出地面。

地震

坚硬的地壳会受到地球内部的力量发生变形。如果这时地壳突然出现破裂，那么产生的冲击就会向四周扩散，从而形成地震。

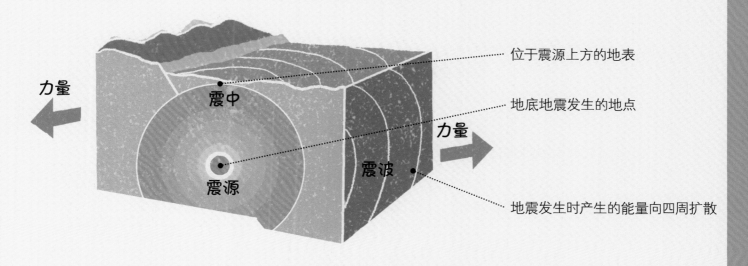

力量

力量

位于震源上方的地表

震中

地底地震发生的地点

震源

震波

地震发生时产生的能量向四周扩散

利用地震波了解到的地球内部

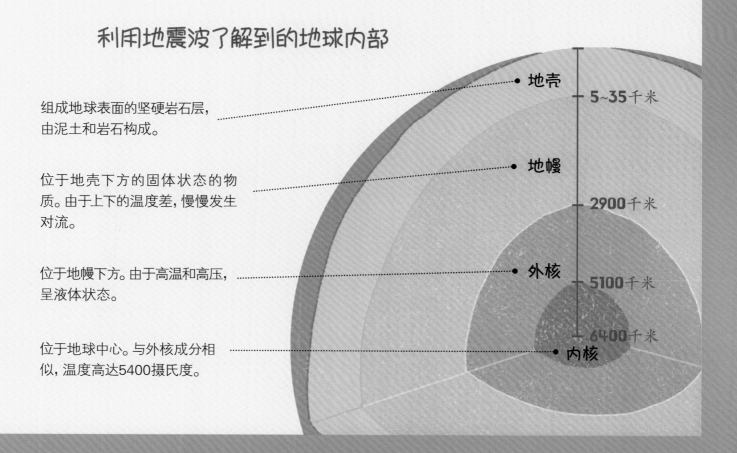

组成地球表面的坚硬岩石层，由泥土和岩石构成。

地壳

5~35千米

位于地壳下方的固体状态的物质。由于上下的温度差，慢慢发生对流。

地幔

2900千米

位于地幔下方。由于高温和高压，呈液体状态。

外核

5100千米

6400千米

位于地球中心。与外核成分相似，温度高达5400摄氏度。

内核

地震频发的国度——日本

　　世界上发生地震最多的地方在哪里呢？全世界80%的地震都发生在围绕着太平洋的环太平洋地震带上。

　　日本位于地壳板块的交界处，所以每年都会发生1000~1500次大大小小的地震。就像关东大地震一样夺走无数生命的大地震，也会每隔70~80年发生一次。

　　这种自然灾害对日本的文化产生了很大的影响。例如，日本人将自然灾害视为不可避免的灾难，因此不仅形成"顺应自然的文化"，还形成时刻防备灾害，以及能够迅速应对灾害的文化。但是世界上没有一个地区可以完全保证不受火山和地震的影响，因此任何国家都有必要做好预防火山喷发和地震的工作。

夺走人类家园的地震

将来，人类是否能够完全解开大地的秘密呢？

　　从古至今，人们始终对自己脚下的大地充满了好奇。地动山摇的地震和喷射岩浆的火山曾一度让人们感到恐惧。科学家们正不断研究着我们能看得到的大地和看不到的地底，然后一一解开大地的秘密。

　　然而大地依然隐藏着诸多尚未解开的秘密。

約公元前240年

计算地球周长

埃拉托色尼认为地球是圆圆的球形，并利用数学原理，计算出与实际非常接近的地球周长。

1902年

麦加利震级

麦加利提出表示地震危害程度的"震级"概念。

1912年

大陆漂移说登场

魏格纳认为原本是一整块的大陆发生分裂，慢慢移动，最终形成如今的多块大陆格局。

标记的部分是正文中出现的内容。

里氏震级

1935年

里克特提出里氏震级。里氏震级会用地震释放出的能量来表示地震的强度。

海底扩张说登场

1962年

赫斯认为地幔下的岩浆喷发会形成新的海洋地壳，同时令海底地壳变宽，从而推动大陆地壳移动。

现在

科学家们正尝试在海洋地壳上钻出深洞，从而采集地幔样本。如果能够直接研究地球内部的物质，说不定能够找到更加直接的证据来解释地壳移动。

图字：01-2019-6047

图书在版编目（ＣＩＰ）数据

大地的故事 /（韩）崔元石文；（韩）郑仁成，（韩）千福珠绘；千太阳译 . —北京：东方出版社，2020.7
（哇，科学有故事！. 第一辑，生命·地球·宇宙）
ISBN 978-7-5207-1481-5

Ⅰ . ①大… Ⅱ . ①崔… ②郑… ③千… ④千… Ⅲ . ①地球科学—青少年读物 Ⅳ . ① P-49

中国版本图书馆 CIP 数据核字（2020）第 038682 号

哇，科学有故事！地球篇·大地的故事
（WA，KEXUE YOU GUSHI! DIQIUPIAN·DADI DE GUSHI）

作　　者：［韩］崔元石 / 文　　［韩］郑仁成、千福珠 / 绘
译　　者：千太阳

策划编辑：鲁艳芳　杨朝霞
责任编辑：杨朝霞　金　琪
出　　版：东方出版社
发　　行：人民东方出版传媒有限公司
地　　址：北京市西城区北三环中路6号
邮　　编：100120
印　　刷：北京彩和坊印刷有限公司
版　　次：2020年7月第1版
印　　次：2020年7月北京第1次印刷　2021年9月北京第4次印刷
开　　本：820毫米×950毫米　1/12
印　　张：4
字　　数：20千字
书　　号：ISBN 978-7-5207-1481-5
定　　价：398.00元（全14册）
发行电话：（010）85924663　85924644　85924641

✏ 文字　[韩] 崔元石

在庆尚北道庆山市担任中学科学教师，同时也是一位用简单有趣的故事讲解科学原理的科普作家。为了让科普知识大众化，经常以教师、学生及普通人为对象举办讲座。曾在2013年荣获"科学教师奖"。主要作品有《科学教师崔元石的科学是游戏》《唤醒地球的火山和地震》《世界名著中隐藏的科学》《世界上最柔软的物理书》等。

🎨 插图　[韩] 郑仁成、千福珠

毕业于弘益大学版画专业，是一对画家夫妻。喜欢到处转悠，把观察到的有趣的事物画进作品中。主要作品有《黄豆鼠，红豆鼠》《兔子和老虎》《砰！踢球》《分享互助的村子共同体的故事》等。

哇，科学有故事！（全33册）

扫一扫
看视频，学科学